TABLES
DES
POUSSÉES DES VOUTES
EN PLEIN CINTRE.

DEUXIÈME PARTIE,
RELATIVE
AU GLISSEMENT DES VOUSSOIRS,
ACCOMPAGNÉE DE NOTES THÉORIQUES,
ET PRÉCÉDÉE D'UNE INTRODUCTION
SUR LE
FROTTEMENT ET LA COHÉSION DANS LES CORPS SOLIDES, LES TERRES ET LES SABLES;

PAR M. DE GARIDEL,
Capitaine du Génie militaire.

*Adeste æquo animo, et rem cognoscite
ut pernoscatis......*
TÉRENCE.

PARIS,

BACHELIER,	CARILIAN-GOEURY ET DALMONT,
IMPRIMEUR-LIBRAIRE DE L'ÉCOLE POLYTECHNIQUE, DU BUREAU DES LONGITUDES, etc.,	LIBRAIRES DES CORPS ROYAUX DES PONTS ET CHAUSSÉES ET DES MINES,
Quai des Augustins, n° 55.	Quai des Augustins, n° 39.

1842

TABLES

DES

POUSSÉES DES VOUTES

EN PLEIN CINTRE.

DEUXIÈME PARTIE.

INTRODUCTION

SUR LE FROTTEMENT DANS LES CORPS SOLIDES, LES TERRES ET LES SABLES; RAPPROCHEMENT
ENTRE LES THÉORIES DE LA POUSSÉE DES VOUTES ET DES TERRES.

> Empiricam et rationalem methodum conjugio vero
> et legitimo in perpetuum firmare, ANTICIPATIONEM
> scilicet mentis cum interpretatione naturæ.
> (BACON, *De Augmentis scientiarum*.)

Voici un travail dont la première partie a été publiée en 1837. Si celle-ci ne l'a pas suivie de près, ce n'est pas que le texte n'en eût été préparé dès 1837, mais on nous a fait attendre les deux tableaux qui constituent le résultat utile et pratique de ce Mémoire; ce sont donc les calculs numériques qui nous ont forcé d'ajourner jusqu'à présent une publication qui aurait dû venir immédiatement après la première. Toutefois, dans notre esprit du moins, ce temps n'a pas été tout à fait perdu pour le sujet même des voûtes, car nous avons été conduit à faire quelques études sur la poussée des terres, et ces deux théories ont entre elles un lien intime, le frottement. Sans prétendre avoir avancé l'explication moléculaire de ce phénomène, nous nous sommes efforcé de tirer un meilleur parti de ce que tout le monde en sait. Nous laissons aux hommes exclusivement adonnés à la science de remonter à la cause du frottement. Ce n'est guère là la tâche d'un ingénieur. Les applications militaires n'ont pas à y gagner; mais elles gagneront certainement à ce que l'empirisme en soit éloigné autant qu'il est aujourd'hui possible.

L'empirisme pur, même dans les petites choses, ne satisfait point; il n'est pour notre esprit que la solution provisoire d'un problème que l'on remet à d'autres temps ou qu'on lègue à ses neveux. Chacun a pu l'éprouver, la science dans les choses qui font notre occupation fréquente est un besoin irrésistible qui, par sa seule présence en nous, exprime à la fois un devoir et la garantie que nous pouvons atteindre à le satisfaire tous les jours un peu davantage. Il ne faut pas se rendre l'esclave de ce besoin, mais y céder dans la simple mesure de quelques loisirs vaut mieux que de le railler. L'esprit ne se frotte pas à un art vulgaire en sa pratique (quelque noble et élevé qu'il soit dans son but) sans chercher tout de suite à élever cette pratique jusqu'à lui; c'est une maladie qui témoigne bien moins d'un goût inné pour la science pure (elle méprise de pareils sujets) que de quelque zèle pour son métier; chacun le sert, du reste, suivant la position qui lui est faite et suivant le tour de son esprit.

Il y a dans le corps du génie deux théories très-controversées: celle de la poussée des voûtes et celle de la poussée des terres: comme d'autres je m'y suis essayé; je n'ai point fait usage de connaissances mathématiques supérieures, mais seulement d'une réflexion un peu prolongée, en ce qui concerne la poussée des terres.

Les plus simples notions de philosophie expérimentale nous apprennent que, entre deux expériences, il faut toujours une certaine anticipation de l'esprit. Cette anticipation se fait quelquefois avec la rapidité de l'éclair, mais quelquefois aussi elle peut exiger un livre. D'ailleurs je ne doute pas que, même au sujet de la matière, il n'y ait des vérités assurées que l'expérience ne peut guère vérifier ou ne vérifier qu'en gros. L'évidence du raisonnement est un moyen de conviction que les physiciens n'ont pas plus le droit de récuser que les autres hommes, quand les principes dont on part sont appuyés sur l'expérience.

Il ne faut pas d'ailleurs confondre le vrai avec le facile et même le populaire, ni ne voir jamais en toute chose que le côté immédiatement utile.

La physique n'existerait pas, non plus que bien d'autres sciences, si l'utile avait été le seul but de ceux qui l'ont cultivée jusqu'ici. Les questions de solidité et de fluidité dominent évidemment tout usage raisonné de la matière. Il faut donc consentir à les regarder en face, à les nommer, à harceler à leur sujet les physiciens et les géomètres, et avec le temps, comme toutes les idées de ce monde, elles passeront de l'état philosophique à l'état pratique.

On ne nous opposera plus, j'espère, ce préjugé banal d'une prétendue antipathie entre la théorie et la pratique. C'est une chose dont il n'est plus permis de douter, que plus nous avançons, plus ces deux manières de connaître approchent de s'accorder et de se confondre. Dans la théorie la plus informe ou la plus abstraite, il y a encore quelquefois plus de lumières et de moyens d'être utile que dans la pratique la plus ancienne, qui serait restée aveugle et sans induction, ou au moins toute personnelle. Il y a eu aussi au moyen-âge un préjugé qui proscrivait l'instruction en général; qui oserait aujourd'hui s'en faire le défenseur? Mais pourquoi invoquer de si grands principes à l'occasion de si petites choses et de si minces travaux?

J'ai cherché à établir que le principe général des sections de plus grande poussée, qui fait une partie de la gloire de Coulomb, doit être entendu et appliqué un peu autrement que cet ingénieur ne l'a fait, si l'on veut aller au delà des à-peu-près qu'il a donnés. Car ce principe repose encore trop sur l'assimilation d'une portion d'un corps naturel à de la matière entièrement dure et solide; or cette assimilation est une hypothèse toutes les fois qu'elle ne se borne pas à considérer le corps donné comme l'intermédiaire rigide et inaltérable par le moyen duquel des forces se font équilibre, et qu'elle va jusqu'à donner à ces forces la valeur et la direction qu'elles ont, non dans le corps naturel, mais dans le corps hypothétique; non dans le corps divisible ou fluide, mais avec le corps absolument dur, inextensible, incompressible. L'axiome qui me paraît devoir être substitué au principe de Coulomb est celui-ci : *Une rupture a lieu là où les résistances atteignent leur maximum, et ce qu'il faut considérer comme variable ce ne sont pas les poussées qu'exercerait telle ou telle portion de la masse, si elle était parfaitement solide, mais ce sont les résistances qui maintiennent l'agrégation des parties élémentaires du corps donné.* C'est du reste là un axiome et non une proposition à démontrer. De cet axiome découle la nécessité de faire du frottement une variable, comme l'élasticité, la tension, etc. Mais cette considération du frottement variable n'aurait rien changé aux résultats de la théorie des voûtes, parce que la clé d'une voûte s'abaisse ou s'élève sans frottement sur le joint vertical : je n'ai donc pas cru devoir l'introduire dans cette théorie, et heurter inutilement par un langage nouveau une méthode reçue. Je laisse au lecteur le soin facile de le faire dans le cas du glissement ; ni les calculs ni les résultats ne seront changés. Pareillement, dans le cas de la rotation, l'exactitude voudrait qu'on ne reconnût qu'une poussée unique et des tensions variables; il suffit de l'indiquer.

Mais le lieu où il importe le plus de commencer l'étude du frottement, c'est l'intérieur d'une masse de sable, parce que c'est là qu'il peut le plus approximativement être isolé des autres forces : on peut dire que c'est son véritable théâtre. Aussi je ne crois pas inutile, dans cette introduction, de rappeler et de résumer ce que j'en ai dit ailleurs (*Essai sur l'équilibre des demi-fluides à frottement*).

Dans l'établissement des conditions d'équilibre d'une masse de sable, il n'est pas loisible d'adopter ou de modifier la forme du principe de Coulomb; et sans cette modification, je ne conçois pas que cette théorie puisse faire aucun progrès. Un culte exclusif pour l'observation ne doit pas faire taxer ces nuances de subtilités ou d'hypothèses. Ce serait courir le risque de se tromper en ne donnant pour mesure aux choses que la puissance de son attention ou même son humeur ; car cette obscurité apparente, si effectivement ce nouveau langage est plus obscur que l'ancien, vient au contraire de ce qu'on se dégage de toute hypothèse. Si l'esprit humain a une pente si irrésistible vers l'hypothèse, c'est précisément parce qu'il a un amour invincible pour ce qui est clair et facile, et qu'il n'y a pas d'obscurité qu'on ne dissipe avec une hypothèse. Puis, quand l'esprit en est imbu à ce point qu'elle se mêle inaperçue à tous ses jugements, si quelque auteur vient à élever un doute sur elle, c'est lui qui est accusé de vouloir remplacer des conceptions irréprochables par d'autres hypothétiques et hasardées. Mais le temps et la réflexion doivent faire justice de ce reproche. Une chose était considérée comme certaine, fixe, invariable ; un nouveau venu dit qu'il ne faut pas trancher de son invariabilité, mais au contraire la traiter comme une indéterminée sur laquelle doit porter l'expérience : de quel côté, je vous prie, est l'hypothèse?

Le besoin de nouvelles observations n'est pas non plus un motif de ne point examiner une théorie sur le frottement, car jusqu'à présent on a beaucoup d'expériences, et quoiqu'on ait lieu d'en désirer encore, c'est bien certainement la science qui est en retard ; elle seule peut mettre à même d'en faire de nouvelles mieux entendues et plus fructueuses. Mais l'observation sans induction n'est bonne qu'à engendrer la confusion et les ténèbres. L'esprit doit aller de l'une à l'autre. Il y a même des inductions certaines qui, s'exerçant sur un sujet abstrait, n'ont véritablement pas besoin de l'expérience pour les sanctionner ; et je ne crois pas qu'il soit trop hardi de prétendre poser les conditions d'équilibre d'un fluide à frottement, d'un fluide abstrait dont les sables ne sont que l'image, en ne se fondant que sur la possibilité de cet équilibre. J'ai donc osé écrire sur la poussée des terres sans avoir de nouvelles expériences à exposer.

Quand on quitte les corps célestes où les grandes causes effacent presque les petites, pour tomber dans des questions de tension, d'élasticité, de flexions, où l'isolement des forces n'est pas possible, l'observation n'est pas toujours plus concluante que l'induction. Il en est à plus forte raison de même du frottement dans les sables, lequel varie à la même heure et dans la même masse par un simple changement dans le tassement ou l'arrangement des particules. Si cependant on a recours à l'expérience, il faut reconnaître que les constantes pourront varier dans des limites très-distantes, varier même de signe; mais ce ne sera pas une raison pour faire porter l'empirisme non sur ces constantes, mais sur la théorie entière. Les physiciens savent bien la distance qu'il y a entre ces deux espèces d'empirismes. L'un est aveugle, l'autre très-rationnel. Le corps entier des sciences physiques les sépare.

Comme en définitive la question porte presque en entier sur la méthode, je demande au lecteur la permission de m'étendre encore sur ce sujet et de lui rappeler des principes qu'il connaît sans doute déjà, mais dont j'ai à réclamer l'application et le bénéfice.

En laissant de côté l'empirisme routinier, l'esprit va plus ou moins loin dans le domaine de l'induction; il y a deux manières de traiter un sujet de physique mathématique. On peut partir de principes secondaires établis par l'expérience, comme celui-ci : *Le rapport du sinus de l'angle d'incidence au sinus de l'angle de réfraction, au passage d'un rayon de lumière d'un milieu dans un autre, est indépendant de la direction du rayon;* et faire de ces principes les vérités premières qu'on donne pour base à la science sans en rechercher les causes; ou bien on part de la simple notion d'atomes s'attirant et se repoussant, et l'on cherche à expliquer ces principes secondaires. L'avantage de cette seconde manière est de conduire quelquefois à de nouvelles expériences; mais elle répond plutôt dans notre esprit à ce besoin irrésistible de réduire le nombre des principes, qu'au besoin de certitude. M. Poisson, dans la nouvelle édition de sa *Mécanique*, a exprimé le désir que la mécanique fût désormais ramenée à la simple notion d'atomes maintenus à distance par des forces, et il y est parvenu dans de savants Mémoires pour les fluides et les corps élastiques.

Le vœu de M. Poisson est tout philosophique, et l'on ne peut pas supposer qu'il ait cru que la mécanique avait manqué de base certaine jusqu'à lui. La constitution moléculaire est une hypothèse : ce que l'on en sait est, à la vérité, infiniment probable, la notion est démontrée exacte, mais non pas complète; en sorte que l'accord des calculs de M. Poisson avec les principes secondaires ne prouve pas la vérité de ceux-ci, mais la convenance des hypothèses dont il est parti. S'il était arrivé à des résultats qui contrariassent le principe de l'égale pression des fluides parfaits dans tous les sens, aurait-il modifié ce principe, ou aurait-il pensé qu'il ignorait quelque chose de la constitution de ces fluides? Donc ce sont les principes secondaires qui servent de base logique à la physique philosophique aussi bien qu'à la mécanique rationnelle; ils supportent également ces deux édifices qui seront distincts et séparés tant que l'on n'aura pas remplacé les données directes de l'expérience par une évidence, et cette évidence ne serait rien moins que la connaissance par la divination ou l'intuition *a priori* du mystère de la création. Jusque-là nous n'aurons sur la constitution moléculaire que des connaissances déduites de l'expérience sur des corps de grandeur finie, et par conséquent non plus certaines que l'expérience. Or si ce n'est pas le besoin de certitude qui fait remonter au delà des principes secondaires, il semblerait bien peu sage de se priver des conséquences utiles qu'on peut tirer de ces principes, sous prétexte qu'on ne les a pas encore rattachés à ce que l'on sait de la constitution des corps. En un mot, il est plus urgent de créer la simple statique des sables que leur statique transcendante, dût-on ne faire qu'un ouvrage imparfait. Au reste, il est difficile qu'on puisse jamais ramener aux actions moléculaires ce qui se passe au sein d'une agrégation où ne règne aucune régularité ni dans les formes des grains, ni dans les interstices qui les séparent. On peut peut-être en poser le défi à la science des atomes ou des molécules; on ne fera jamais la part de l'irrégularité d'une telle agrégation qu'en la divisant en éléments assez étendus pour que, suivant toute probabilité, un élément ressemble à un autre élément; par conséquent, il ne faut pas pousser la division d'une masse de sable au delà de la division en éléments petits, mais finis et comprenant un nombre considérable de ces grains, considérés eux-mêmes comme indivisibles, bien qu'ils soient composés d'atomes et que leurs actions attractives ou répulsives ne soient que les résultantes des actions de leurs atomes.

La gravitation universelle n'est point fondée sur la constitution atomistique. La masse des corps célestes serait pleine, ou elle ne serait qu'une réunion de monades immatérielles et actives (ce qui est plus facile à concevoir que l'union de la matière et d'une force ou l'action d'une force sur la matière. En fait, nos sens ne témoignent que de l'existence de forces, tout ce qu'on voit au delà n'est qu'hypothèse) (1). On pourrait

---

(1) On doit à l'immortel Leibnitz cette idée vraiment sublime qui fait consister l'essence de la matière non dans l'étendue, non dans l'impénétrabilité, mais dans l'activité, la vie de chacune des monades qui constituent un corps.

L'existence, c'est la faculté d'être cause; moi-même je n'existe que par cette faculté, mais je suis cause volontaire et la vie de mon âme ne se distingue pas de son activité continue et libre. C'est là le dernier mot de la psychologie, et ce dernier mot est un trait d'évidence. Or, ou il ne nous est pas permis de porter aucun jugement sur la matière, ou le seul jugement qui soit à notre portée est celui d'une assimilation de la causalité inconnue

toujours les partager par la pensée en petits cubes d'où émaneraient des forces proportionnelles à leur volume et à la densité, en appelant densité soit la matérialité réelle, soit le rapport des nombres de monades compris dans une même étendue, rapport fini, quoique ces nombres fussent infinis. Voilà sans doute ce qui faisait dire à Newton : « *Hypotheses non fingo.* »

M. Poisson a prouvé que les conditions d'équilibre entre des forces qui se neutralisent par l'intermédiaire d'un corps solide étaient les mêmes, que ce corps fût plein ou qu'il fût composé de molécules sans contact, tenues à distance entre elles par des forces d'attraction et de répulsion. Cela prouve *a priori* ce que l'on savait déjà *a posteriori* par un principe infiniment plus clair qu'aucune analyse, savoir : *que quand un équilibre existe, on ne le détruit pas en opérant par la pensée, et sans altérer les forces, la solidification d'une partie ou de toutes les parties du système.*

L'analyse prouvera peut-être un jour que l'équilibre peut subsister entre des grains de sable liés entre eux par l'attraction et la répulsion; nous, au lieu de le prouver, nous prenons cet équilibre comme un fait qui se pose de lui-même, qui se montre et ne se démontre pas. Cela peut influer sur le nombre, mais non sur la vérité des conséquences.

Or, en partant de là, tout ce que je vais dire paraît incontestable.

---

qui réside dans la matière avec la causalité que nous connaissons, celle qui est dans notre âme (sans doute avec une perfection de moins, la volonté).

Donc l'idée de Leibnitz est la seule opinion que l'homme doive se faire de la matière, du moment où il veut sortir des phénomènes visibles. L'inertie n'a aucun sens; il n'y a pas de repos absolu; il n'y a que des équilibres. Quand on aura résolu ces grandes objections, on sera en droit de rejeter toute étude qui ne partira pas de la théorie des atomes.

La désunion dans une masse quelconque se fait soit par écartement, soit par glissement sur la direction de rupture. L'écartement ne peut pas avoir lieu sans une tension, et là où aucune tension n'est possible, parce qu'il n'y a aucune force pour lui résister, le glissement seul peut avoir lieu.

Dans toute masse qui n'est pas un liquide parfait ou un gaz, la pression sur un petit plan placé dans son intérieur est une force oblique à ce plan; elle se décompose en une force normale et une autre dans le plan. La première peut, dans un solide, être négative; elle devient alors une tension employée à vaincre la résistance à l'écartement qu'on appelle cohésion. Cette cohésion s'exerce dans tous les sens; mais dans le sens tangentiel seul elle peut être unie au frottement : dans toute autre direction, dès qu'il y a tension, il ne saurait y avoir frottement. Dans les sables où l'on amène facilement les grains à pouvoir être séparés les uns des autres sans effort sensible, sans effort comparable aux autres forces, la cohésion est à peu près nulle, et aucune tension n'est possible.

La composante normale à un élément est donc dans les sables toujours une pression, c'est la pression proprement dite; c'est elle qui a produit la pénétration des molécules dans les vides qui les séparent entre elles, et sans doute par là s'est trouvée augmentée l'attraction moléculaire. L'effet de cette pression est donc naturellement de s'opposer à la rupture par glissement et d'engendrer une résistance à la seconde composante, la composante qui est dans le plan de l'élément.

L'expérience prouve que lorsque deux corps solides sont pressés l'un par l'autre, il en résulte une résistance au glissement, et cet effet, à l'instant où il atteint son maximum, est proportionnel à sa cause. Or, prenez une masse de sable dont les parties reposent les unes sur les autres sans lien primitif : quelle différence peut-il y avoir entre la nature des actions qui s'exercent sur un plan tracé dans le milieu de cette masse et le plan de séparation ou de contact de deux corps solides distincts ? Qu'une masse de terre compacte soit placée sur une autre, apparemment les lois connues sur le frottement entre corps solides, lui seront applicables. Or, qu'ensuite, le plan de contact restant le même, chacun des deux corps, de compacte devienne divisible, cela pourra changer le sens et l'intensité du frottement pendant l'équilibre; mais, au premier moment de la rupture, le phénomène du glissement qui ne se passe qu'au contact sera le même que lorsque les corps étaient solides. C'est donc par une analogie forcée qu'on étend au sable la loi fondamentale du frottement, savoir: qu'au moment de la rupture, le rapport du frottement à la pression est un nombre constant, le même en tous les points et sur toutes les directions, si la masse est homogène.

Le plan tracé dans la masse peut être de très-peu d'étendue, pourvu qu'il rencontre un nombre considérable de particules ou de grains; il représentera toujours, quant au frottement, le plan de contact de deux corps solides; de là la division de la masse en éléments cubiques de frottement. Mais ce n'est là qu'une division théorique semblable à toutes les divisions en éléments différentiels, qui n'impliquent pas telle ou telle forme d'agrégation.

Je sais qu'on a avancé que le rapport maximum du frottement à la pression variait avec la pression même. Mais, d'après ce que je viens de dire, cette hypothèse est de toutes celles qu'on pourrait imaginer celle qui est la plus contraire à l'observation du frottement entre corps solides grands ou petits; c'est la négation d'une des lois physiques qui se présentent avec le cachet le mieux empreint de la généralité. Une analyse moléculaire savante ne présentera pas un plus grand degré de certitude que l'extension de cette loi des corps solides aux sables, et des corps de grandeur observable à des éléments cubiques très-petits (quoique toujours de grandeur finie).

M. Poisson, au n° 461 de la nouvelle édition de sa *Mécanique*, n'a pas hésité à considérer le frottement sur un élément de surface comme suivant la même loi que le frottement sur une surface étendue, et celui-ci comme l'intégrale du premier. Quant à ceci : que le frottement est indépendant de l'étendue de la surface frottante, ce n'est que l'expression de cette autre vérité : *les pressions d'un corps solide à peu près inflexible sur sa base se répartissent également sur cette base quand elle est plane,* parce qu'il n'y a pas de raison pour qu'il en soit autrement. On sait que mathématiquement si le corps est inflexible, cette répartition est indéterminée; quand on considère la flexion, elle ne l'est plus, et la pression est variable d'un point à l'autre de la surface de contact; et enfin, quand on néglige la flexibilité qui est très-faible dans beaucoup de corps, pour ne tenir compte que du degré de poli de la surface, la question devient une question de probabilité, et la pression est la même sur deux éléments de même étendue, du moment où ces éléments embrassent l'un et l'autre un nombre considérable d'aspérités.

La conséquence que l'on déduit de ces principes secondaires est cette vérité sentie d'avance : *L'effet de la poussée est d'appliquer les sables et les terres contre leurs revêtements, soit sans aucune tendance à la traction, soit avec cette tendance vers le haut, soit avec cette tendance vers le bas, suivant le degré de leur mobilité, l'arrangement de leurs particules et l'absence plus ou moins complète de la cohésion.*

La quantité de frottement qui naît de cette tendance, tant qu'elle n'égale pas la limite du frottement possible sur le revêtement, ne dépend que des terres ou sables, de leur nature et de leur tassement. Son rapport avec la poussée peut être appelé *constante de fluidité* ; c'est à l'observation à la donner, comme elle donne la constante de frottement.

Je sais qu'on trouve bizarre toute tendance des prismes à remonter le long du revêtement ; mais on ne voit pas que c'est en cela que la théorie des voûtes de Coulomb est plus parfaite que celle des terres ; car Coulomb admet que chaque voussoir tend à être soulevé par la poussée de la voûte, et il n'a pas pensé que la poussée des terres pouvait avoir la même action sur les prismes. Ces deux théories ont encore plus d'analogie qu'on ne l'a cru et doivent être rapprochées l'une de l'autre.

Dans les terres qui ont conservé de la cohésion, la traction sur le revêtement paraît tendre à se faire de haut en bas, ce qui est l'hypothèse de Coulomb. Le plus grand nombre des expériences de Mayniel l'indique ainsi. Mais les terres qu'il a expérimentées avaient beaucoup de cohésion. Ce qui le prouve, c'est qu'il a observé des talus de rupture qui différaient beaucoup du talus naturel, c'est-à-dire du talus que prenaient ces terres jetées à la pelle. Mayniel a cherché à expliquer ce fait par la supposition que le rapport du frottement maximum à la pression variait d'une manière brusque en passant du prisme de rupture au reste du massif ; mais c'est sans nécessité qu'il s'est plu à contredire par cette hypothèse la loi fondamentale du frottement. La chose a assez d'importance, puisque la possibilité d'une théorie en dépend, pour que nous la traitions succinctement ici.

Il est vrai que, par la pression, les terres peuvent acquérir plus ou moins une cohésion qu'elles n'avaient pas et qu'elles conservent; mais cela ne prouve pas l'élévation du coefficient de frottement : cela prouve que les grains, rapprochés par la pression, ne reviennent pas à leur position primitive instantanément. Or cette adhérence qui leur reste a dû, dans l'origine, être proportionnelle à sa cause, qui était une pression, et avant l'éboulement elle était un frottement et non une cohésion. L'effet de la non-élasticité des terres est que cette adhérence subsiste encore après que la pression a disparu ; mais cela change-t-il quelque chose aux lois qu'elle a suivies dans le massif avant l'éboulement? Que si, reprenant ces terres devenues cohérentes par la pression, vous les portez dans un autre remblai, c'est alors que les lois de la répartition du frottement dans cette seconde masse seront changées, et cette adhérence contractée ne différera plus d'une cohésion naturelle; mais dans le premier massif elle en aura différé, en ce qu'elle y était proportionnelle à la pression.

Il n'y a aucun doute que presque toujours la cohésion ne soit due à une pression antérieure. La preuve c'est qu'une fois séparés, les grains ne contractent plus la même adhérence par le seul contact et sans pression.

Un talus de rupture différent du talus naturel, plusieurs éboulements successifs seraient donc des non-sens dans un massif sans cohésion, dont les parties jouiraient de cette propriété, qu'après avoir contracté par la pression une adhérence proportionnelle, elles perdraient cette adhérence dès que la pression viendrait à cesser. C'est là une véritable élasticité dont approchent plus ou moins les sables bien fluides, ceux qui, pressés dans la paume de la main, ne conservent pas, comme de la cire, la forme qu'on leur a donnée.

Le reproche qu'a fait Mayniel aux expériences de Rondelet,

d'avoir porté sur des matières trop mobiles, prouve assez quel doit être le vice des siennes. Cependant, à mesure qu'il a expérimenté des matières plus meubles, comme les sables appliqués contre des murs, le talus de rupture a moins différé du talus naturel, et ses expériences paraissent s'accorder de plus en plus avec celles de Rondelet; si bien qu'on peut en tirer les mêmes conclusions relativement au sens du frottement sur le revêtement.

Supposez donc un fluide sans cohésion, incompressible et parfaitement élastique, à la manière de celui que je viens de définir. Il est limité en haut à un plan, il est porté sur un plan horizontal inébranlable et soutenu par un revêtement latéral qui va céder. Comment se passera l'éboulement? Par la pensée tracez dans le prisme d'éboulement(celui qui est compris entre le talus naturel et le revêtement) les lignes de frottement maximum, elles le diviseront en tranches planes et parallèles; chaque tranche sera comme un tout solide, car aucune des lignes qu'on tracerait dans son intérieur ne saurait être une ligne de frottement maximum ; pareillement, les lignes du parement intérieur et du talus naturel ne seront pas des lignes de frottement maximum. Il suit de là que parmi ces tranches, créées par notre imagination, il n'y aura que celles qui portent sur le revêtement qui seront capables de se former dans la réalité.

En général, il n'y a de lignes de rupture virtuelles possibles que celles qui aboutissent à des plans susceptibles de céder. Mais celles qui portent sur le talus naturel, ou, si on veut les prolonger, sur le plan horizontal qui supporte le massif, celles-là ne sauraient exister. La ligne qui part du pied de revêtement sépare ces deux catégories de tranches, les unes virtuellement réalisables, les autres impossibles.

Il ne faut pas croire que tout ce qui sera compris entre cette ligne et le talus naturel va rester debout; nullement : mais au second instant il s'y formera un nouveau système de tranches non parallèles aux premières, s'appuyant sur cette ligne de la même manière que si elle était le parement intérieur d'un nouveau revêtement. Or après ce second système de tranches, il en vient un troisième, et ainsi de suite, les tranches s'inclinant de plus en plus sur le talus naturel jusqu'à ce qu'elles n'en diffèrent plus sensiblement (1). Voilà comment on conçoit l'éboulement; mais la formation de tous ces systèmes de tranches ne saurait être simultanée, quoique l'œil ne puisse pas voir cette succession de lignes virtuelles de rupture dans un massif jouissant d'une incompressibilité et d'une élasticité parfaites.

L'introduction d'une cohésion dans le massif de sables, si elle est assez faible pour qu'il conserve une poussée latérale, ne changera ce phénomène qu'en ce qu'elle arrêtera la formation des tranches avant le talus naturel, c'est-à-dire à une ligne plus éloignée que lui de l'horizontale, et en ce que la forme des tranches ne peut plus être plane. En effet, considérez toujours le remblai qui a la forme la plus simple, celle d'un triangle placé sur le talus naturel. Si la cohésion n'y existait pas, on pourrait dire qu'il y a similitude parfaite entre ce remblai et un autre de forme semblable, d'où il suit que les lignes d'égal frottement sont droites dans un remblai triangulaire. Mais avec la cohésion, il n'est plus vrai que deux remblais semblables de forme le soient à tous égards; il n'est plus vrai qu'ils se rompent, suivant des lignes semblables, ni qu'ils se conduisent semblablement en toute chose; car un petit remblai

---

(1) Ceci est évident de soi-même, parce que si vous admettez que dans l'état d'équilibre le talus d'éboulement est une ligne de rupture, vous êtes forcé d'y reconnaître le frot-

cohérent cesse de pousser et passe alors dans une autre classe de corps, celle des solides, tandis que plus grand, et sans changer de forme, il est capable d'une poussée latérale. Il n'y a donc plus similitude physique, quoique la similitude géométrique subsiste. Donc dans un tel remblai la forme des lignes d'égal frottement doit être une courbe inconnue qui varie avec les dimensions du massif; mais ce n'est pas là la seule difficulté. La cohésion nous est encore moins connue que le frottement. D'abord, comme je l'ai dit plus haut, cette force ne diffère pas de la tension, et si l'on veut la faire entrer dans le calcul, il ne faut pas la considérer comme une constante, mais comme une variable susceptible d'un maximum qu'elle atteint partout où il y a rupture. La quantité de cohésion utilisée est une fonction des coordonnées de chaque point et de la direction suivant laquelle on veut la mesurer; et la valeur limite de cette fonction, c'est la constante que seule jusqu'ici on appelait cohésion. Cette valeur limite est indépendante de la direction, aussi bien que la constante du frottement.

Mais quelle est la valeur de cette fonction? C'est ce qu'on ne sait pas. Quand le frottement est seul et que le remblai est indéfini, compris entre deux droites, on sait, comme je viens

---

tement porté à son maximum; alors solidifiant par la pensée le prisme entier d'éboulement, les forces qui lui sont appliquées devront se faire équilibre par son intermédiaire. Or c'est ce qui n'est pas; car pour cet équilibre, il faudrait que la poussée ou la réaction des revêtements fût nulle, par cette raison toute simple qu'un corps solide retenu sur le plan incliné, qui est la limite de ceux où il commence à glisser, ce corps ne pousse pas. Ainsi dans l'état d'équilibre, au premier instant du mouvement, le talus d'éboulement ne peut pas être une ligne virtuelle de rupture.

Il n'est pas impossible que dans l'expérience, quand il s'agit de remblais qui ne sont pas parfaitement élastiques, ces variations, dans les lignes d'égal frottement, ne deviennent apparentes par la formation de plusieurs talus successifs d'éboulement. Cette formation se trouverait ainsi expliquée.

de le dire, que le frottement est représenté par une fonction angulaire où ne paraissent pas les coordonnées du point ; mais pour la cohésion, fût-elle seule, on n'en peut pas assurer autant, et mêlée au frottement, elle l'englobe dans son obscurité, de sorte que nous ne savons plus rien ni sur l'un ni sur l'autre. Voilà pourquoi il est indispensable de s'en tenir à l'étude d'un massif où le frottement est seul.

Si le lecteur veut bien penser sur ce sujet pour lequel rien ne peut remplacer la réflexion, il verra que ceux qui ont proclamé que la cohésion ne changeait rien aux lignes de rupture virtuelles d'un massif à frottement, ont, à leur insu, admis qu'il n'y avait appel à la cohésion que sur les directions de frottement et nullement sur d'autres directions. Cependant l'appel à la cohésion, c'est la tension ; et peut-on croire qu'en introduisant dans un massif la faculté de tension dans tous les sens, on ne va pas du tout changer son régime, si je puis m'exprimer ainsi, c'est-à-dire la répartition des frottements, et qu'il n'y aura que des tensions tangentielles ?

Quand un remblai ne pousse plus, il ne diffère plus d'un solide ; alors il n'y a plus de lignes virtuelles de rupture, et ni le frottement ni la cohésion n'atteignent plus leur maximum en aucun point, jusqu'à ce qu'une force extérieure vienne les amener à un état voisin de la rupture. Le maximum possible de la cohésion varie même en chaque point et sur chaque direction ; la fonction qui le représente est la fonction qui exprime la texture même du corps, c'est la fonction constitutive du corps solide ; qui ne pense que cette fonction nous échappera toujours ?

Tels sont les caractères distinctifs des trois espèces de corps où le frottement joue un rôle. Ce rôle n'est clair, distinct, susceptible d'être mis en équation que lorsque la cohésion ne le

3..

trouble pas ; alors aucune tension n'est possible ; alors le frottement est une fonction continue, mathématique, atteignant forcément un maximum connu ; alors enfin chaque élément de la masse est soumis à la différentielle de ce frottement. Ce sont donc les demi-fluides sans cohésion qu'il faudra expérimenter de préférence, mais ce sera moins dans le but de vérifier les propositions que nous avons avancées et qui n'ont pas besoin de l'être, parce qu'elles s'adressent à un fluide incompressible et abstrait, que dans le but d'arriver à des mesures exactes, s'il en est de possibles avec des matières qui, par le seul arrangement de leurs particules, peuvent peser successivement $47^{kil},42, 49,50, 46,64, 45,23, 48,30$ le pied cube, comme il est arrivé dans les expériences de **Mayniel**. Pourra-t-on, avec de telles variations dans la densité et d'autres semblables dans les talus de rupture, arriver à la loi inconnue, peut-être l'espèce de principe de moindre action qui règle la répartition des frottements autour d'un même point dans un remblai triangulaire et fixe l'indéterminée ou la *constante de fluidité* ? N'ai-je pas eu raison de penser que ce serait plutôt à la théorie à fixer un jour cette constante dans le demi-fluide abstrait où il n'y aurait ni cohésion ni compressibilité sensible?

Au reste, il faut bien remarquer que dans les expériences de ce genre, ce n'est pas des moyennes qu'il faut prendre, mais des cas extrêmes, n'importe de quelle manière ils se sont produits. Il suffit qu'ils soient possibles pour que la théorie doive s'en emparer de préférence.

Telles sont les notions sur le frottement que je désirais inculquer au lecteur avant de me livrer à de simples calculs arithmétiques d'où la théorie est à peu près absente. Cependant il s'en retrouvera quelque chose dans la note II.

La note I, sur l'application du principe des vitesses virtuelles à la théorie des voûtes, était nécessaire pour lever une difficulté. Le lecteur jugera.

Je ne quitterai pas cependant ces questions scientifiques sans élever encore ma faible voix contre cet esprit d'utilisme, cette ambition pratique sous laquelle on étouffe une science avant qu'elle n'existe et qu'elle n'ait été portée à la hauteur qu'elle peut atteindre. Quelque ingénieuses et même savantes que soient des méthodes pratiques, elles ne font pas la science, qui se trouve ainsi sacrifiée au désir d'une plus prompte application. Si le praticisme, que je distingue de l'expérience, devait remplacer les recherches sur la matière, tout ce qui a à cœur la dignité des sciences physiques, amateur obscur ou savant de profession, devrait s'en émouvoir; car on pourrait en présager la ruine même des arts pratiques; ce serait ainsi la preuve que cette triste philosophie de la sensation, qui ne reconnaît à l'esprit humain aucune puissance par lui-même, aucune conception *a priori*, pour parler le langage de l'école, ne convient pas, exclusive et absolue, aux sciences naturelles; bien que ceux qui l'ont combattue et vaincue en Écosse, en Allemagne et en France (depuis vingt-cinq ans) aient toujours paru faire exception en faveur de ces sciences. Je suis bien loin de dire que les partisans exclusifs de la pratique (réduite en formule ou non, c'est toujours de la pratique du moment où l'on repousse toute conséquence et toute induction) soient sensualistes, mais je dis que le praticisme, à l'insu même de ceux qui le vantent, émane de cette école, laquelle n'est déjà plus digne de notre génération, bien qu'elle pèse encore sur nous.

J'ai commencé par une phrase de Bacon, le fondateur de la philosophie naturelle, je terminerai cette introduction par cette autre phrase du même philosophe : « Il n'y a pas d'interprète de la nature plus fidèle, plus sûr que l'esprit humain lui-même, qui pénètre où les sens ne pénètrent point, dans les profondeurs de la terre comme dans les hauteurs du ciel. »

POUSSÉE DUE AU GLISSEMENT.

CALCUL DE L'ANGLE DE RUPTURE.

(On ne doit pas oublier que ce Mémoire fait suite à celui de 1837.)

§ V. Admettant les mêmes dénominations que dans la première partie de cet ouvrage, et G' étant la poussée due à la tendance au glissement exercée par un voussoir dont l'angle est z, il est très-facile de trouver par un calcul de surface

$$(1) \quad G' = \frac{(1+\alpha)^2}{4\cos i} \cot(z+\varphi) \left[\left(4 + 4\frac{c\cos i}{1+\alpha}\right) \sin z - \sin(2z - i) - \frac{\varpi \cos i}{90(1+\alpha)^2} z^o - \sin i \right];$$

on se rappelle que φ est l'angle sous lequel les matériaux employés commencent à glisser, i l'angle du plan de la chape avec l'horizon, et α l'épaisseur du bandeau de la voûte dont le rayon intérieur est 1; enfin par z^o on entend le nombre de degrés compris dans l'arc z. Supposez formée d'avance une table des coefficients qui entrent dans cette formule et de leurs logarithmes : vous aurez

$$G' = A \cot(z+\varphi) \left[(4 + Bc) \sin z - \sin(2z - i) - D z^o - \sin i \right].$$

Il est inutile de donner ici les tableaux des valeurs de A, B, D; si l'on a entre les mains une table des sinus naturels, par exemple celle de la trigonométrie de Deparcieux ou d'Ozanam (il est bon de les avoir toutes deux, parce qu'elles renferment beaucoup de fautes), il est assez facile de calculer le maximum de G' par tâtonnement, sans avoir recours, comme pour le calcul de F, à des tables de fonctions angulaires. Mais il est encore plus facile de calculer l'angle de rupture directement.

On a déjà vu, à l'article des voûtes extradossées parallèlement, que lorsqu'il ne s'agit que d'un simple bandeau, l'angle de rupture qui appartient au glissement est à peu près de 26°. Or la poussée exercée par le polygone mixtiligne qui forme le voussoir d'une voûte en chape se compose de la poussée due au bandeau, plus celle due à la charge, plus encore celle due à la partie comprise entre l'arc extrados et une tangente à cet arc, parallèle au plan de la chape. De ces trois poussées, la première a son maximum par 26° environ; la deuxième est mesurée par $\frac{c(1+\alpha)\sin z}{\tang(z+\varphi)}$, son maximum a lieu par la valeur de z tirée de cette fonction qu'on égale à zéro, après l'avoir différentiée, par conséquent déduite de l'équation

$$\cot^2(z+\varphi) + 2\cot(z+\varphi) - \cot\varphi = 0;$$

équation du troisième degré qui n'a qu'une seule racine positive. Quand $\varphi = 30°$, on trouve $z = 25° 34'$ environ.

Donc le maximum de la poussée due à la charge a lieu à très peu près par le même angle que le maximum de la poussée due au bandeau, car la différence de 25° 34' à 26° est très-petite.

Enfin je dis que la troisième des quantités qui entrent dans la poussée est donnée par le maximum de l'expression algébrique

$$\cot(z+\varphi)\left[\frac{\sin z}{\cos i} - \frac{\sin(2z-i)}{4\cos i} - \frac{z}{2} - \frac{\tang i}{4}\right];$$

car il est évident que la surface comprise entre un arc et sa tangente est proportionnelle au carré du rayon de cet arc; elle est donc proportionnelle au carré de $1+\alpha$, donc son maximum a lieu par la même valeur de z, quel que soit $1+\alpha$. Or en faisant $\alpha = 0$ dans le premier membre de l'équation (1), on trouve l'expression même que nous voulons légitimer.

Son maximum a lieu pour $i = 0$ par $Z = 42°$,
pour $i = 45°$ par $Z = 17°$.

Pour les valeurs de i comprises entre 0 et 45°, les valeurs de Z sont comprises entre 17° et 42°, et il serait assez curieux de déterminer par tâtonnement quel est l'angle i pour lequel $Z = 26°$, toujours dans l'hypothèse de $\alpha = 0$; cette valeur de i serait l'inclinaison de la chape d'une voûte qui, lorsque $\varphi = 30°$, aurait, quelles que fussent sa charge et son épaisseur, un angle de rupture compris entre $25°\,34'$ et $26°$.

Quoi qu'il en soit, on voit que plus la partie comprise entre l'extrados et sa tangente aura d'influence, plus l'angle de rupture ira en s'éloignant de $26°$, soit vers la limite $42°$ si l'angle i est très-petit, soit vers la limite $17°$, si l'angle i se rapproche de $45°$.

Or cette influence sera d'autant plus grande que l'épaisseur et la charge seront moindres.

Il suit de cette discussion que l'arc dont la longueur est $\frac{1}{2}$ et qui correspond à $z = 28°\,38'\,52'',44$, ou $z = 28°,648$, diffère peu de la valeur moyenne de tous les angles de rupture; j'ajoute que l'on ne doit guère compter ici que sur un écart de $10°$ en plus ou en moins, car il faut remarquer que le glissement n'appartient qu'aux voûtes ou très-épaisses ou très-chargées; il est donc probable que souvent l'approximation linéaire suffira, et que l'approximation parabolique donnera une grande exactitude. Il est donc inutile de différentier plus de trois fois.

Ces choses posées, je fais $\frac{dG'}{dz} = f(z)$, et j'ai à résoudre l'équation $f(z) = 0$ dans laquelle

$$f(z) = \frac{z}{2} - \frac{\sin(2z+2\varphi)}{4} + (1+\alpha)n\left[-\sin z + \frac{\sin(z+2\varphi)+\sin(3z+2\varphi)}{4}\right]$$
$$+ \frac{(1+\alpha)^2}{4\cos i}\left[\sin i + \sin(2z-i) - \frac{\sin(4z+2\varphi-i)+\sin(2\varphi+i)}{2}\right].$$

Je dois rappeler ici que $n = c + \frac{1+\alpha}{\cos i}$, et que l'on peut à volonté éliminer ou conserver n.

En différentiant, on trouve

$$f'(z) = \frac{1-\cos(2z+2\varphi)}{2} + (1+\alpha)n\left[-\cos z + \frac{3}{4}\cos(3z+2\varphi) + \frac{1}{4}\cos(z+2\varphi)\right]$$
$$- \frac{(1+\alpha)^2}{2\cos i}\left[\cos(4z+2\varphi-i) - \cos(2z-i)\right],$$

$$f''(z) = \sin(2z+2\varphi) + (1+\alpha)n\left[\sin z - \frac{9}{4}\sin(3z+2\varphi) - \frac{1}{4}\sin(z+2\varphi)\right]$$
$$+ \frac{(1+\alpha)^2}{\cos i}\left[2\sin(4z+2\varphi-i) - \sin(2z-i)\right].$$

En faisant $z = \frac{1}{2}$, il vient :

$$f\left(\frac{1}{2}\right) = \frac{1 - \sin(1 + 2\varphi)}{4} + \frac{(1+\alpha)^2}{8}[2\sin(1) - \sin 2\varphi - \sin(2\varphi + 2)]$$
$$+ \frac{(1+\alpha)^2}{8} \tang i [2 - 2\cos(1) - \cos 2\varphi + \cos(2\varphi + 2)]$$
$$+ \frac{(1+\alpha)n}{4}\left[\sin\left(2\varphi + \frac{3}{2}\right) + \sin\left(2\varphi + \frac{1}{2}\right) - 4\sin\left(\frac{1}{2}\right)\right],$$

$$f'\left(\frac{1}{2}\right) = \frac{1 - \cos(1+2\varphi)}{2} + \frac{(1+\alpha)^2}{2}[\cos(1) - \cos(2\varphi+2)] + \frac{(1+\alpha)^2}{2}\tang i[\sin(1) - \sin(2\varphi+2)]$$
$$- \frac{(1+\alpha)n}{4}\left[4\cos\left(\frac{1}{2}\right) - \cos\left(2\varphi + \frac{1}{2}\right) - 3\cos\left(2\varphi + \frac{3}{2}\right)\right],$$

$$f''\left(\frac{1}{2}\right) = -\sin(1+2\varphi) - (1+\alpha)^2[\sin(1) - 2\sin(2\varphi+2)] + (1+\alpha)^2\tang i[\cos(1) - 2\cos(2\varphi+2)]$$
$$+ \frac{(1+\alpha)n}{4}\left[4\sin\left(\frac{1}{2}\right) - 9\sin\left(2\varphi + \frac{3}{2}\right) - \sin\left(2\varphi + \frac{1}{2}\right)\right].$$

Comme on l'a vu dans la première partie de cet ouvrage, les notations $\sin(1)$, $\cos(1)$, $\sin\left(\frac{1}{2}\right)$, $\cos\left(\frac{1}{2}\right)$ représentent les sinus ou cosinus des arcs dont la longueur est 1 ou $\left(\frac{1}{2}\right)$; $\sin(1 + 2\varphi)$ représente le sinus de la somme de l'arc 2φ, et de l'arc dont la longueur est 1, et de même des autres sinus ou cosinus. Cette notation est commode et ne peut donner lieu à aucune erreur.

Quand $\varphi = 30°$,

$\cos 2\varphi =$	$0,5,$	$\cos\left(2\varphi + \frac{3}{2}\right) =$	$-0,82848,$
$\sin 2\varphi =$	$0,86603,$	$\sin(1) =$	$0,84147,$
$\sin(1+2\varphi) =$	$0,88865,$	$\cos(1) =$	$0,54030,$
$\cos(1+2\varphi) =$	$-0,45859,$	$\sin\left(\frac{1}{2}\right) =$	$0,47943,$
$\sin\left(2\varphi + \frac{1}{2}\right) =$	$0,99972,$	$\cos\left(\frac{1}{2}\right) =$	$0,87758,$
$\cos\left(2\varphi + \frac{1}{2}\right) =$	$0,02362,$	$\sin(2\varphi+2) =$	$0,09425,$
$\sin\left(2\varphi + \frac{3}{2}\right) =$	$0,56000,$	$\cos(2\varphi+2) =$	$-0,99555.$

Je suppose que, dans l'équation $f(z) = 0$, on substitue $z = \frac{1}{2} + x$, et je fais, comme pour le cas de la rotation :

$$f\left(\frac{1}{2}\right) = P,$$
$$f'\left(\frac{1}{2}\right) = -Q,$$
$$\tfrac{1}{2}f''\left(\frac{1}{2}\right) = R.$$

L'équation à résoudre est

$$0 = P - Qx + Rx^2,$$

et l'on a, en remplaçant n par sa valeur, toutes les opérations arithmétiques étant effectuées :

$$P = 0,02784 - 0,08950(1+\alpha)c + (1+\alpha)^2\left[0,09033 - 0,07202\,\text{tang}\,i - \frac{0,08950}{\cos i}\right],$$
$$Q = -0,72930 + 1,49306(1+\alpha)c + (1+\alpha)^2\left[-0,76792 - 0,37361\,\text{tang}\,i + \frac{1,49306}{\cos i}\right],$$
$$R = 0,44432 - 0,51525(1+\alpha)c + (1+\alpha)^2\left[-0,32648 + 1,26570\,\text{tang}\,i - \frac{0,51525}{\cos i}\right].$$

Avant d'aller plus loin, il convient de vérifier ces formules, et pour cela il faut choisir un exemple qui donne à x une valeur considérable. Soient $i = 45°$, $\alpha = 0,1$, $c = 0,1$,
on trouvera :

$$P = -0,1130,$$
$$Q = 0,6086,$$
$$R = 0,6424.$$

En résolvant l'équation du deuxième degré,

$$0 = -0,1130 - 0,6086\,x + 0,6424\,x^2,$$

on trouvera

$$x = -0,166,$$

ce qui donne

$$x° = -9°30',$$

et enfin

$$Z = 19°8'.$$

4..

Pour que la vérification soit complète, j'ai calculé le coefficient suivant de la série, savoir : $\frac{1}{6} f'''\left(\frac{1}{2}\right)$, et j'ai trouvé, en le désignant par S,

$$S = -0{,}2734.$$

En résolvant l'équation qui suit,

$$1130 + 6086\, x - 6424\, x^2 + 2734\, x^3 = 0,$$

je suis parvenu à

$$x = -0{,}158,$$

d'où

$$x° = -9°3',$$

et enfin

$$Z = 28°38' - 9°3' = 19°35'.$$

Or, par la substitution, on obtient

$$z = 19°\ldots G' = A.\ 0{,}3591666,$$
$$z = 20°\ldots G' = A.\ 0{,}3592160,$$
$$z = 21°\ldots G' = A.\ 0{,}3583083;$$

d'où l'on déduit, en considérant ces trois valeurs comme les ordonnées d'une parabole, dont on cherche ensuite le point le plus élevé,

$$Z = 19°34'.$$

L'accord entre ces deux valeurs de Z suffit pour montrer la confiance qu'on doit avoir dans les valeurs de P, Q, R ; mais il est évident qu'on peut les diviser toutes trois par 1,49306 et finalement employer le système :

$$P = 0{,}01865 - 0{,}05994\,(1+\alpha)\,c + \left[0{,}06050 - 0{,}04823\,\operatorname{tang} i - \frac{0{,}05994}{\cos i}\right](1+\alpha)^2,$$

$$Q = -0{,}48846 + (1+\alpha)\,c + \left[-0{,}51431 - 0{,}25023\,\operatorname{tang} i + \frac{1}{\cos i}\right](1+\alpha)^2,$$

$$R = 0{,}29759 - 0{,}34510\,(1+\alpha)\,c + \left[-0{,}21866 + 0{,}84772\,\operatorname{tang} i - \frac{0{,}34510}{\cos i}\right](1+\alpha)^2.$$

La facilité avec laquelle on différentie $f(z)$ permettrait de calculer la valeur d'un grand nombre de coefficients différentiels, et pour un angle i donné on pourrait, sans trop de complication, obtenir tous les termes d'une série où resteraient indéterminés α et c; mais ce travail serait sans but utile.

Si l'on fait $i = 0$, $c = 0$, ce qui est le cas des voûtes extradossées de niveau sans surcharge, on trouve l'expression suffisamment approchée
$$Z = 28°38' + \frac{2,28}{\alpha(\alpha+2)}.$$

Cette formule suppose que α est assez grand, par exemple, pas au-dessus de $\frac{1}{6}$, et l'erreur qu'elle donne est moindre que $\frac{1}{3}$ degré.

M. Petit a calculé sa table des valeurs de G pour les voûtes extradossées de niveau, en supposant que Z était toujours 29°. On voit que cette supposition est d'autant plus erronée que α est plus petit, et déjà pour $\alpha = \frac{1}{6}$ l'inclinaison du point de rupture sur la verticale est de 33° $\frac{1}{2}$.

Telles sont les formules d'où nous avons déduit les tables suivantes :

NOTES.

NOTE 1. — *Sur l'équilibre d'un système de quatre voussoirs, et sur l'indépendance qui existe entre la poussée et le piédroit, que l'on tienne compte de la cohésion et de la flexion, ou qu'on les néglige.*

La théorie des voûtes est fondée sur les mêmes principes que toutes les applications de la mécanique rationnelle aux corps tels que la nature nous les donne, c'est-à-dire non parfaitement rigides et inextensibles. J'ai cru reconnaître qu'il était nécessaire de rappeler à quelques personnes ces préliminaires de toute théorie exacte ; je vais donc le faire, et je relèverai en même temps ce qui m'a paru une erreur dans le Mémoire de M. Poncelet, inséré dans le *Mémorial du Génie*, n° 12 ; erreur que j'ai reproduite moi-même d'après lui dans la première partie de cet ouvrage, page 14. Je crois que c'est une erreur; peut-être, sans doute même c'est moi qui me trompe : le lecteur jugera. Je supplie qu'on ne voie dans cette note que le désir de faire étudier la question.

Sans doute que le principe de la réaction égale et directement opposée à l'action est vrai dans une voûte et dans une construction quelconque; qu'elle soit dans le cas que nous qualifions d'équilibre stable ou dans le cas d'instabilité, il ne saurait y avoir supériorité des résistances sur les puissances, et les conditions d'équilibre ne peuvent être exprimées que par des équations algébriques, et non par des inégalités. Mais cette manière de considérer la question, qui est la seule parfaitement exacte, oblige à tenir compte de la flexion, ce qui complique encore un problème déjà trop difficile dans son application. Lorsqu'on suppose la pierre parfaitement dure et qu'on considère l'équilibre de voussoirs incompressibles, il ne paraît plus exact d'assimiler ces voussoirs à des leviers assemblés à charnières et pouvant tourner librement, dans tous les sens, autour de leurs arêtes ; car les joints, au lieu d'être de simples points, sont alors des lignes solides et impénétrables, et il est évident que le poids des voussoirs inférieurs peut devenir plus considérable qu'il ne faut pour que l'équilibre existe autour des charnières inférieures, sans qu'il en résulte une rupture ni un autre effet que de presser la totalité des joints inférieurs sur le plan de la base. De là il suit que les équations d'équilibre se transforment en des inégalités, comme on va le voir.

Remplaçons d'abord le système des quatre leviers par celui de deux leviers, dont un cv est assujetti à rester appuyé sur la verticale qui passe par le centre du profil de la voûte.

Supposons que les leviers remplacent complétement les voussoirs, et qu'il s'agit du premier mode de rupture.

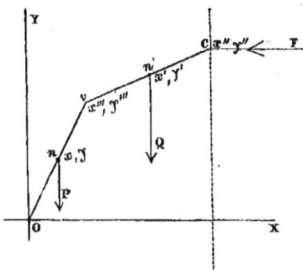

Soient n et n' les centres de gravité des deux leviers;

P et Q leurs poids respectifs;

x, y les coordonnées du point n par rapport à deux axes passant par la charnière inférieure;

x', y' celles du point n';

x'', y'' celles du point c;

x''', y''' celles du point v, qui est une charnière.

La liaison qui oblige la charnière c à se mouvoir sur une verticale peut être remplacée par une force F horizontale, et alors le système peut être considéré comme libre. Supposons donc l'équilibre existant, on ne le détruira pas en introduisant dans le système de nouvelles liaisons; par conséquent l'équation, qui convient au cas où la verge ov deviendrait fixe, peut bien être insuffisante; mais elle doit subsister.

Donc on doit avoir

$$F(y'' - y''') = Q(x' - x''').$$

Cette équation subsisterait encore si l'on introduisait la cohésion, ou telle force qu'on appliquerait ou qui se développerait en un point invariablement lié au levier supérieur.

De même les conditions d'équilibre de tout le système autour du point o, comme si le système était tout d'une pièce, peuvent être insuffisantes; mais elles doivent exister.

Donc
$$F y'' = Q x' + P x.$$

Ces deux équations suffisent pour trouver la position d'équilibre des deux leviers, ou pour trouver (cette position étant fixée d'avance) quelle masse on doit donner à l'un d'eux relativement à l'autre.

Lorsqu'on revient des leviers sans épaisseurs aux voussoirs, les mêmes raisonnements s'appliquent en partie; mais pour qu'il y ait équilibre autour du point v, l'équation posée n'est pas nécessaire, et il suffit que l'on ait

$$F(y'' - y''') \gtreqless Q(x' - x''');$$

de même la seconde équation se change en

$$F y'' \gtreqless Q x' + P x.$$

C'est en effet ainsi que Coulomb a présenté la théorie des voûtes. Quelle que soit F, s'il arrive que la plus grande valeur que puisse acquérir $\frac{Q(x'-x''')}{y''-y'''}$ soit inférieure à la plus petite de celles que peut avoir $\frac{Qx'+Px}{y''}$, il est clair que ces deux inégalités subsisteront et la voûte sera en équilibre. On voit donc qu'ici, pour être exact, il faut assimiler les voussoirs à des corps parfaitement durs et ne considérer la poussée que comme une force indéterminée.

Or il est évident que ces conditions seront remplies si l'on dispose la masse du voussoir inférieur, de façon que le maximum de $\frac{Q(x'-x''')}{y''-y'''}$ égale le minimum de $\frac{Qx'+Px}{y''}$, et elles se changeront pour les voussoirs de rupture en de véritables équations.

Alors la poussée cessera d'être indéterminée, car cette force doit être comprise entre $\frac{Q(x'-x''')}{y''-y'''}$ et $\frac{Qx'+Px}{y''}$, et ces deux quantités devenant égales, chacune d'elles égale la force F. Ce cas est celui d'un équilibre instable. Or c'est toujours dans l'hypothèse d'un équilibre instable qu'on se place quand on veut trouver l'épaisseur d'un piédroit.

Ce n'est donc que pour l'équilibre instable que les conditions sont les mêmes dans un système de voussoirs que dans un système de leviers, et, comme ces équations ne laissent plus rien d'indéterminé, elles sont suffisantes et résolvent complétement le problème. Mais l'une d'elles est indépendante de P, donc la valeur de la poussée ou du nombre F peut être calculée indépendamment du voussoir inférieur et comme s'il était inébranlable. Les mêmes raisonnements peuvent se faire quand on tient compte de toute force développée dans l'intérieur ou sur le bord du voussoir, et la masse du piédroit n'entre jamais dans la valeur de F, je veux dire dans la première des deux expressions de F, celle à laquelle on applique la recherche d'un maximum; cette masse ne reparaît que dans la seconde équation, c'est-à-dire dans l'équation d'équilibre autour de l'arête extérieure de la base du piédroit.

Il est donc bien constaté que l'équilibre d'un système qui présente deux centres de rotation doit être établi en supposant successivement chacune des charnières rigide, ou si, agissant autrement, on effectue la transposition d'une force, d'un point à un autre de sa direction : cette transposition ne sera légitime qu'autant que ces deux points resteront, dans le mouvement même, invariablement liés entre eux; c'est là, je crois, la faute commise par M. Poncelet; c'est donc à tort que, nous fondant sur son autorité, nous avons cru que lorsqu'il était tenu compte de la cohésion, la valeur de la poussée était influencée par la masse du piédroit. L'indépendance de ces deux choses est maintenant démontrée dans tous les cas.

D'après les principes qu'on vient de poser et qui sont connus depuis longtemps des géomètres, la poussée d'une voûte stable et d'une matière incompressible, paraît indéterminée; cependant elle ne l'est point. Si en effet il est démontré que l'action du voussoir supérieur sur la verticale au point c est la même, soit lorsque le voussoir inférieur est tout à fait inébranlable, soit lorsqu'il jouit d'un équilibre instable; il est clair qu'entre ces deux limites extrêmes il n'y a pas de raison pour que la poussée change de valeur et devienne dépendante du voussoir inférieur. En d'autres termes, n'y aurait-il pas absurdité à supposer que la pression sur le point c peut être augmentée par cela seul que le point de rotation v est mobile lui-même, sans que cette augmentation devînt la plus grande possible, alors que ce point v serait le plus facilement mobile, c'est-à-dire dans le cas d'équilibre instable? Or, dans ce cas, il est démontré qu'elle n'est pas augmentée; donc on a toujours $F = Q \dfrac{x' - x'''}{y'' - y'''}$.

Le principe des vitesses virtuelles ne peut rien ajouter à ces preuves, car il est moins évident lui-même que les principes sur lesquels nous nous fondons et qui servent même quelquefois à sa propre démonstration. Cependant, comme on l'a invoqué, nous allons voir qu'il conduit identiquement aux mêmes résultats.

Il faut d'abord à chaque voussoir substituer un triangle formé par les deux charnières de ce voussoir et par son centre de gravité. Ce ne serait que dans un cas tout à fait exceptionnel que ce centre de gravité serait sur la diagonale qui joint les deux charnières; ce cas exceptionnel peut se traiter à part avec une grande facilité, et conduit aussi aux résultats que nous allons trouver, en supposant que les trois points en question ne sont pas en ligne droite.

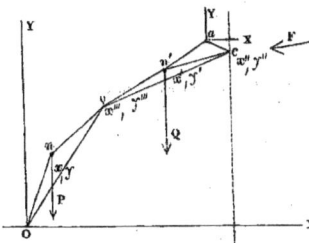

Soient donc n et n' les deux nouveaux centres, et les autres dénominations les mêmes que plus haut.

Supposons un point a dont les coordonnées sont x^{IV}, y^{IV}, qui est lié invariablement aux deux points n' et c, et qui est le point d'application d'une force dont les composantes sont X et Y.

Désignons encore par r une quelconque des distances invariables qui lient entre eux les points d'un même voussoir. Comme ces distances doivent disparaître de suite par la différentiation, nous n'accentuerons pas cette lettre, et r désignera indifféremment on, ov, nv, vn' $n'a$, etc.

L'équation des vitesses virtuelles est celle-ci :

$$X\,dx^{IV} + Y\,dy^{IV} + F\,dx'' + Q\,dy' + P\,dy = 0;$$

et les liaisons du système sont :

$$x^2 + y^2 = r^2,$$
$$x''^2 + y''^2 = r^2,$$
$$(x''' - x)^2 + (y''' - y)^2 = r^2,$$
$$(x''' - x')^2 + (y''' - y')^2 = r^2,$$

$$(x''' - x'')^2 + (y''' - y'')^2 = r^2,$$
$$(x'' - x')^2 + (y'' - y')^2 = r^2,$$
$$(x^{\text{iv}} - x')^2 + (y^{\text{iv}} - y')^2 = r^2,$$
$$(x^{\text{iv}} - x''')^2 + (y^{\text{iv}} - y''')^2 = r^2.$$

Si l'on différencie ces huit équations, et qu'on fasse l'élimination et le départ des différentielles dépendantes, au moyen des deux différentielles dy et dy' considérées comme indépendantes, on trouvera, après quelques réductions, dont les principales consistent à faire disparaître des facteurs comme celui-ci,

$$(x'' - x''')(y'' - y') - (x'' - x')(y'' - y'''),$$

qui ne peut être nul que dans le cas où les proints v, n' et c seraient en ligne droite; on trouvera, dis-je,

$$dx = -\frac{y}{x}\,dy, \qquad dx' = -\frac{y'-y'''}{x'-x'''}\,dy' - \frac{x'y''' - y'x'''}{(x'-x''')x}\,dy,$$

$$dx''' = -\frac{y'''}{x}\,dy, \qquad dx'' = -\frac{y''-y'''}{x'-x'''}\,dy' - \frac{x'y'' - y''x'''}{(x'-x''')x}\,dy,$$

$$dy''' = \frac{x'''}{x}\,dy; \qquad dy'' = \frac{x''-x'''}{x'-x'''}\,dy' + \frac{(x'-x'')x'''}{(x'-x''')x}\,dy,$$

$$dx^{\text{iv}} = \frac{x^{\text{iv}}-x'''}{x'-x'''}\,dy' + \frac{(x'-x^{\text{iv}})x'''}{(x'-x''')x}\,dy,$$

$$dy^{\text{iv}} = -\frac{y^{\text{iv}}-y'''}{x'-x'''}\,dy' + \frac{(y^{\text{iv}}x''' - x'y''')}{(x'-x''')x}\,dy;$$

substituant dans l'équation des vitesses virtuelles, et égalant à o le coefficient de chacune des différentielles indépendantes, on trouvera

$$(1) \quad Q - F\frac{y''-y'''}{x'-x'''} + Y\frac{x^{\text{iv}}-x'''}{x'-x'''} - X\frac{y^{\text{iv}}-y'''}{x'-x'''} = 0,$$

$$P - F\frac{x'y''' - y''x'''}{x(x'-x''')} + Y\frac{x''(x'-x^{\text{iv}})}{x(x'-x''')} + X\frac{(y^{\text{iv}}x''' - x'y''')}{x(x'-x''')} = 0 \ (*).$$

(*) Supposons pour un moment le premier membre de l'équation (1) représenté par U, et le premier membre de l'équation suivante par V, en sorte qu'on ait

$$U = 0, \quad V = 0.$$

Je dis que si l'on éliminait F entre ces deux équations, on trouverait identiquement le même résultat que si, au lieu d'introduire la force F et de considérer x'' comme variable, on s'était contenté de chercher l'équation d'équilibre du système lié par les conditions qu'on a formulées plus haut en équations, et par celle de x'' constant. On peut le démontrer bien simplement en remplaçant dans l'équation

$$U\,dy' + V\,dy = 0,$$

dy' par $-\frac{x'-x'''}{y''-y'''}\,dx'' - \frac{x'y''' - y''x'''}{x(y''-y''')}\,dy$, en même temps qu'on y supprime F; faisant ensuite

La première de ces deux équations démontre qu'une des deux valeurs de F est indépendante du voussoir inférieur, et s'obtient en équilibrant autour du point v toutes les forces appliquées au voussoir supérieur;

La deuxième fournit la valeur du poids qu'il faut donner au voussoir inférieur pour que l'équilibre existe : mais sous cette forme cette équation est peu commode, il vaut mieux la combiner avec la première, de manière à obtenir la somme des moments des deux voussoirs par rapport au point o; on remplace alors cette deuxième équation par l'autre plus simple et plus commode pour les applications

(2) $\qquad P x + Q x' - F y'' + Y x^{\text{iv}} - X y^{\text{iv}} = 0.$

C'est précisément la condition d'équilibre de toutes les forces autour du point o, comme s'il n'y avait pas de charnière en v.

Si l'on voulait introduire dans ces équations une force se développant dans le voussoir inférieur, par exemple la compression ou la cohésion en un point du joint de la base, les variations des coordonnées de ce nouveau point ne renfermeraient que la seule différentielle dy; par conséquent elles n'exerceraient aucune influence sur l'équation (1), mais seulement sur l'équation (2), où elles feraient entrer cette nouvelle force de la même manière que les autres, c'est-à-dire par son moment autour du point o. Quant au joint des reins, chaque point peut être considéré comme se dédoublant en deux moitiés : par sa moitié supérieure il entre dans l'équation d'équilibre autour du point v; par sa moitié inférieure il entre dans l'équation d'équilibre autour du point o. La cohésion sur ce joint est en effet une force de ressort qui s'oppose aux deux rotations. Mais comme ces forces sont respectivement égales et de signes contraires, elles disparaissent de l'équation (2).

La quantité de la cohésion utilisée en chacun des points d'un même joint, peut être supposée proportionnelle à sa distance au point de ce joint, où la cohésion n'entre nullement en action, en sorte que si $\frac{\gamma}{\pi}$ est le rapport de la cohésion à la densité sur l'unité de surface, et que e_0 soit l'étendue du joint supposé incompressible, la résul-

---

$dx'' = 0$, et égalant enfin à 0 le coefficient de dy. Mais, du reste, nous ne faisons que suivre la méthode de Lagrange pour le calcul des résistances normales; et, sans aucun doute, il est permis de considérer x'' comme variable, en introduisant la force F. Dès lors les accroissements dy' et dy qui entrent dans l'équation définitive des vitesses virtuelles sont tout à fait indépendants l'un de l'autre. A la vérité ils ne sont pas quelconques, et lorsqu'on passe des leviers aux voussoirs, l'impénétrabilité des joints fait que dy ne saurait être négatif. Mais il suffit que dy et dy' puissent avoir, indépendamment l'un de l'autre, une infinité de valeurs pour que l'équation des vitesses virtuelles se décompose forcément en deux,

$$U = 0, \quad V = 0.$$

Donc finalement les équations d'équilibre sont les mêmes que si le système était mobile dans tous les sens : c'est là que gît toute la démonstration.

tante de toutes ces forces, qui sont parallèles, sera, au moment où l'extrémité du joint commencera à s'ouvrir,
$$\frac{\gamma}{e_0 \pi} \int_0^{e_0} e\, de = \frac{\gamma e_0}{2\pi}.$$

Quant à la somme des moments, il est clair, d'après les démonstrations précédentes, qu'elle doit être prise par rapport au centre de rotation du voussoir. Ainsi s'il s'agit du joint de la clef, dont l'étendue est désignée par e_0, la somme des moments a pour valeur
$$\frac{\gamma}{e_0 \pi} \int_0^{e_0} e(y'' - y' - e)\,de = \frac{\gamma e_0}{\pi}\left(\frac{y'' - y'}{2} - \frac{e_0}{3}\right);$$

Sur le joint des reins, qui est incliné de l'angle Z sur la verticale, la somme des moments est, en désignant par e_1 l'étendue de ce joint,
$$\frac{\gamma}{e_1 \pi} \int_0^{e_1} e^2\, de = \frac{\gamma e_1^2}{3\pi}.$$

De même le moment de la cohésion sur le joint de la clef, par rapport au point o, est
$$\frac{\gamma}{e_0 \pi} \int_0^{e_0} e(y'' - e)\,de = \frac{\gamma e_0}{\pi}\left(\frac{y''}{2} - \frac{e_0}{3}\right).$$

Si l'on désigne par e_2 l'étendue du joint de la base, le moment de la cohésion sur ce joint, par rapport au même point o, sera $\frac{\gamma e_2^2}{3\pi}$, de sorte que les équations d'équilibre seront
$$Q(x' - x''') - F(y'' - y''') - \frac{\gamma}{\pi}\left[\frac{e_1^2 - e_0^2}{3} + \frac{(y'' - y')}{2}e_0\right],$$
$$Px + Qx' - Fy'' + \frac{\gamma}{\pi}\left(\frac{e_0 y''}{2} + \frac{e_2^2 - e_0^2}{3}\right).$$

C'est à la première équation seule qu'on appliquera la recherche d'un maximum pour F; la deuxième donnera l'épaisseur du piédroit.

Ces formules sont trop compliquées, et il serait trop difficile d'assigner une valeur exacte à $\frac{\gamma}{\pi}$ pour qu'elles soient applicables. D'ailleurs la flexibilité ou compressibilité des diverses parties de la voûte doit avoir souvent sur l'équilibre de celle-ci une influence très-comparable à celle de la cohésion. Si l'on tient compte de l'une, on ne saurait négliger l'autre. Or on va voir, dans la note (II) combien il serait long et laborieux de calculer les effets de la flexion.

NOTE 2.

Les conditions d'équilibre d'un système de voussoirs compressibles ne peuvent pas se déduire des mêmes principes qui servent à établir la théorie de l'équilibre d'un solide élastique; car le premier de tous les principes invoqués dans cette théorie, c'est que, à égale distance de l'axe d'élasticité ou de flexion, la résistance à la compression et à l'extension sont des forces égales. Or cette hypothèse ne saurait être admise ici, puisque d'un côté de cet axe la résistance à la compression est une force considérable, et de l'autre la résistance à l'extension est nulle si l'on néglige la cohésion des mortiers, ou bien faible si l'on en tient compte.

Considérons d'abord un voussoir appuyé sur deux plans, l'un incliné, l'autre vertical, par deux faces que je suppose compressibles, mais qui n'ont aucune adhésion aux deux plans fixes. Soient c l'étendue comprimée sur le joint vertical, c' l'étendue comprimée sur le joint incliné; le maximum de compression aura lieu au sommet du premier et au point le plus bas du second. Soient k et k' ces deux maxima. D'après l'hypothèse de Leibnitz, la résultante des compressions, en appelant v la distance de chaque point comprimé au centre de flexion, sera $\dfrac{k}{c}\int_0^c v\,dv = \dfrac{kc}{2}$ sur le joint vertical, et le point d'application de cette résultante sera à une distance de l'axe de flexion égale à $\dfrac{\dfrac{k}{c}\int_0^c v^2\,dv}{\dfrac{k}{c}\int_0^c v\,dv} = \dfrac{2c}{3}$.

De même sur le joint incliné la résultante sera $\dfrac{k'c'}{2}$, et son bras de levier $\dfrac{2c'}{3}$. En prenant ces intégrales à partir de o, nous supposons que la pression est nulle sur chaque centre de flexion. Or le *principe de continuité* le veut ainsi; car la pression est nécessairement nulle sur la partie du joint qui s'ouvre, et l'on ne peut admettre que sur un même joint elle passe subitement d'une valeur nulle à une valeur finie. Nous supposons encore que le centre de flexion est sur le joint, et on conçoit qu'il en doit être généralement ainsi; cependant, pour des substances très-molles ou pour des données fort éloignées de l'équilibre, on conçoit encore que l'étendue entière du joint puisse éprouver une compression, et que le centre de flexion soit en dehors du joint; ce cas s'annoncera par une valeur de c ou de c' plus grande que l'étendue du joint, et exigera que l'on recommence les calculs en changeant les limites d'intégration; en sorte que la manière d'opérer sera la même. J'écarterai donc ce cas pour ne m'occuper que du premier.

Sur chacun des plans d'appui il se produit un frottement qui contribue à l'équilibre; il est proportionnel à la pression supportée par ce plan. Mais de ces deux frottements, celui qui est relatif au joint supérieur sera supprimé quand on remplacera le plan inébranlable par un voussoir semblable au premier, qu'il arcboute et suit sans frottement dans le mouvement de descente de son point supérieur le long de la verticale. Soit f le coefficient du frottement. Si l'on décompose les forces appliquées au voussoir, parallèlement au joint incliné et normalement à ce joint, et qu'on égale séparément à o la somme des composantes normales et celle des composantes parallèles, puis qu'on égale à la somme des moments autour de l'axe de flexion du joint incliné, en désignant par Z l'angle des deux plans de joint, par Q le poids du voussoir, X la distance horizontale du centre de gravité au point le plus bas du joint incliné, par Y la distance verticale de ces deux points, on aura

(1) $\qquad \dfrac{kc'}{2} - \dfrac{kc}{2}\cos z = Q \sin z,$

(2) $\qquad f\dfrac{kc'}{2} = Q \cos z - \dfrac{kc}{2}\sin z,$

(3) $\qquad \dfrac{k'c'^2}{2} + \dfrac{kc}{2}\left(Y - \dfrac{c}{3} - c'\cos z\right) = Q(X + c'\sin z).$

Remarquez, et ceci est assez général pour avoir quelque portée, qu'il est tout à fait dans l'esprit des principes de Coulomb, et l'on peut dire qu'il est tout à fait évident que le frottement atteindra son maximum toutes les fois que le nombre des équations ou liaisons le permettra, et que au contraire les forces k et k' seront les plus petites possibles. En d'autres termes, il est naturel que l'équilibre s'établisse de manière à tirer tout le parti possible du frottement, et au contraire de la pression en chaque point de la pierre comprimée soit un minimum, en sorte qu'une voûte faite d'une pierre tendre, ou susceptible de s'exfolier aisément, ne s'écrasera que lorsque toutes les résistances qui sont en elles auront été épuisées. Donc on pourra substituer pour f le coefficient connu pour l'espèce de pierre employée et déterminé par l'angle sous lequel un voussoir composé de cette pierre commence à glisser. De plus, on supposera $k = k'$, parce que ces deux compressions atteignant en même temps leur limite, puisque les deux joints s'ouvrent à la fois, il est naturel de supposer qu'elles ne cessent pas d'être égales, même quand on est loin de cette limite; je pense même qu'on en a une preuve mathématique en concevant que tel voussoir qui ne s'écrase pas, viendra à s'exfolier, si par la pensée vous réduisez également en chaque point de son étendue la résistance à l'écrasement; donc k et k', diminuées d'une même quantité, sont égales; donc elles sont toujours égales entre elles.

J'insiste sur l'égalité de k et k'; je la crois nécessaire, tant que d'autres liaisons ou équations n'obligent pas ces quantités à être inégales.

On pourrait introduire la cohésion sans rien faire de plus que compliquer les équations. En général, l'adhérence est une fonction de la pression, fonction que l'on suppose développée suivant les puissances de cette pression à partir de la puissance o, développement dont on n'a considéré, jusqu'à présent, que les deux premiers termes, sous les noms de cohésion et frottement; ici nous pourrions les introduire tous deux.

En résolvant les équations (1), (2), (3), on trouvera :

$$c' = \frac{X(f\cos z + \sin z) - Y(\cos z - f\sin z)}{4f\sin z\cos z - \dfrac{f\sin^2 z + \cos^2 z}{3}},$$

$$c = c'(\cos z - f\sin z),$$

$$k = \frac{2\,Q\,c'}{f\cos z + \sin z};$$

X et Y sont évidemment des fonctions de z. Pour qu'il y ait équilibre, le résultat trouvé pour k devra être inférieur au poids capable de faire fendiller la pierre. Si d'un voussoir d'un angle donné on passe à un voussoir quelconque, il est évident que ce n'est plus que sur le joint de rupture que $k' = k =$ un maximum ; il faut donc faire varier z jusqu'à ce qu'on ait obtenu le maximum de k.

Ainsi, quand on introduit dans la théorie des voûtes la considération de la flexion, ce n'est plus la poussée entière qui est un maximum, mais bien la compression dans le point le plus comprimé du joint de la clef. De plus, il n'y a plus lieu à distinguer le cas du glissement de celui de la rotation. Cette décomposition est en général une preuve d'impuissance à poser les véritables équations d'équilibre d'un corps compressible; et l'on conçoit, en effet, qu'il n'y a pas de raison pour que ces deux forces de résistance inhérentes aux corps solides que l'on appelle résistance à l'écartement ou au glissement, ne concourent pas à l'équilibre simultanément et non pas une seule indépendamment de l'autre.

La poussée tend à renverser un voussoir quelconque en le faisant tourner en dehors autour d'un point de l'extrados, ou en le faisant glisser. Soient θ l'angle de ce nouveau joint avec la verticale, c'' la partie de ce joint qui est comprimée, k'' la compression au point de l'extrados, qui est évidemment le point le plus comprimé, Z la distance du nouveau centre de flexion au sommet de la voûte, P le poids de ce nouveau voussoir, c'est-à-dire de toute la portion de voûte comprise entre le joint de la clef et ce nouveau joint ; v la distance de son centre de gravité à la verticale qui passe par le point de l'extrados du nouveau joint, vous aurez :

$$\frac{k''c''^2}{2} = \frac{kc}{2}\cos\theta + P\sin\theta,$$

$$P\cos\theta = \frac{kc}{2}\sin\theta - \frac{fk''c''^2}{2},$$

$$\frac{kc}{2}\left(Z - \frac{c}{3} + c''\cos\theta\right) + \frac{k''c''^3}{3} = P(v - c''\sin\theta).$$

Ces trois équations seraient plus que suffisantes pour déterminer c'', si k'' devait être forcément égal à k, et si f devait atteindre son maximum, mais il n'en doit pas être ainsi. La voûte peut, par sa configuration, offrir une résistance très-grande au renversement, et alors la force k'', qui est appelée pour résister à la poussée, est très-faible. Ainsi, supposez que ce second joint soit à la base du piédroit, et augmentez la masse de celui-ci, vous l'amènerez à une telle stabilité que l'arête extérieure de sa base ne sera presque pas comprimée; voilà qui est évident et qui fait voir que la valeur de k'' est ici variable, aussi bien que l'étendue comprimée c'', aussi bien que la quantité du frottement qui est utilisée, c'est-à-dire que le nombre f. On tirera donc de ces trois équations les expressions de k'', c'' et f. La première doit être inférieure à la limite de compression de la pierre, la troisième inférieure au coefficient du frottement.

Quand, au lieu de ce dernier joint de rupture, on cherche quel est celui qui tend à se former, on doit calculer le maximum de k'', de même que le maximum de f, en faisant varier θ; on connaîtra ainsi quels sont les voussoirs qui tendent le plus à tourner ou à glisser. Ni l'un ni l'autre de ces mouvements n'aura lieu si k'' et f sont au-dessous des limites appartenant à la pierre qui compose la voûte; mais si le premier de ces nombres excède sa limite, il y aura renversement; si c'est le second, il y aura glissement en dehors; si tous deux excèdent leurs limites, il se produira un mouvement composé de glissement et de rotation, qu'il ne serait peut-être pas très-aisé de déterminer, mais dont la recherche ne peut être d'aucune utilité.

Telle est la théorie des voûtes, prise dans toute sa généralité. On voit combien peu elle est applicable et combien il vaut mieux s'en tenir à la supposition des voussoirs incompressibles, quitte à la corriger en introduisant des coefficients de stabilité et de correction tout à la fois.

Je n'attache pas moins beaucoup d'importance aux principes renfermés dans cette note; car elle fait voir que toutes les fois qu'on veut être exact, il faut bien vite quitter la méthode de Coulomb qui repose toujours sur une assimilation des corps, que l'on soumet au calcul, à de la matière parfaitement dure et solide. Or, c'est le cas de dire que comparaison n'est pas raison. En fait, ce sont les résistances qui acquièrent leur maximum dans les points de rupture. Voilà l'axiome fondamental. Celui des prismes ou des voussoirs de plus grande poussée est loin d'avoir la même évidence, il peut même être inexact, car il suppose qu'en solidifiant par la pensée des masses qui ne sont cependant pas solides, mais bien fragiles et divisibles, en remplaçant des plans d'où émanent les forces par des plans inertes, on n'altérera pas le sens des résistances; Or, cela n'est pas toujours vrai. Je ne puis que renvoyer sur ce sujet à l'Essai que j'ai publié sur l'équilibre des demi-fluides à frottement.

Les expressions de prisme ou voussoir de plus grande poussée sont toujours inexactes, il n'y a jamais qu'une seule poussée effective. C'est la compression ou le frottement, ou plutôt la quantité utilisée de ces forces qui varie.

FIN.

1er Tableau.

Valeurs de i	Valeurs de α	POUSSÉES DUES AU GLISSEMENT.														ANGLES DE RUPTURE.							Valeurs de i
		c = 0.		c = 0,1.		c = 0,2.		c = 0,3.		c = 0,4.		c = 0,5.		c = 1,0.		Valeurs de α	c=0.	c=0,1.	c=0,2.	c=0,3.	c=0,4.	c=0,5.	c=1,0.	
		Valeurs de G.	Δα.	Valeurs de G.	Δα.	Valeurs de G.	Δα.	Valeurs de G.	Δα.	Valeurs de G.	Δα.	Valeurs de G.	Δα.	Valeurs de G.	Δα.									
0°	0,25	0,10510	2096	0,14071	2230	0,17688	2382	0,21329	2527	0,25003	2671	0,28674	2821	0,47107	3554	0,25	31°43′	30°18′	29°8′	28°23′	27°51′	27°29′	26°30′	0°
	0,30	0,12606	2231	0,16301	2311	0,20070	2465	0,23895	2612	0,27694	2761	0,31495	2911	0,50665	3644	0,30	31.33	30. 3	29. 2	28.20	27.52	27.30	26.33	
	0,35	0,14737	2344	0,18612	2397	0,22535	2543	0,26478	2695	0,30435	2836	0,34406	2985	0,54305	3724	0,35	31.15	29.51	28.56	28.19	27.52	27.30	26.35	
	0,40	0,16981	2436	0,21009	2477	0,25078	2622	0,29173	2768	0,33271	2916	0,37391	3066	0,58029	3798	0,40	30.55	29.41	28.52	28.17	27.52	27.32	26.37	
	0,45	0,19307	2407	0,23486	2561	0,27700	2713	0,31961	2860	0,36197	3006	0,40457	3152	0,61827	3886	0,45	30.38	29.34	28.49	28.17	27.52	27.33	26.39	
	0,50	0,21714	»	0,24333	»	0,26047	»	0,34366	»	0,39203	»	0,44406	»	0,65713	»	0,50	30.26	29.27	28.46	28.15	27.52	27.34	26.42	
7°30′	0,25	0,09369	1993	0,12987	2149	0,16650	2299	0,20323	2447	0,24008	2593	0,28681	2743	0,46166	3471	0,25	30.42	29.51	27.54	27.20	26.57	26.41	26. 2	7°30′
	0,30	0,11365	2094	0,15186	2227	0,18960	2368	0,22770	2546	0,26621	2671	0,30432	2822	0,49637	3560	0,30	30. 9	28.40	27.51	27.20	26.58	26.43	26. 4	
	0,35	0,13436	2165	0,17363	2299	0,21327	2456	0,25296	2604	0,29276	2749	0,33254	2900	0,53199	3628	0,35	29.46	28.32	27.48	27.20	27. 0	26.45	26. 6	
	0,40	0,15591	2243	0,19677	2391	0,23782	2536	0,27900	2677	0,32021	2834	0,36154	2976	0,56827	3716	0,40	29.30	28.26	27.46	27.20	27. 1	26.47	26. 8	
	0,45	0,17834	2324	0,22063	2469	0,26316	2618	0,30577	2761	0,34855	2916	0,39130	3062	0,60543	3802	0,45	29.17	28.21	27.45	27.20	27. 2	26.48	26.10	
	0,50	0,20158	»	0,24532	»	0,28934	»	0,33341	»	0,37765	»	0,42192	»	0,64346	»	0,50	29. 6	28.17	27.44	27.20	27. 3	26.49	26.13	
15°	0,25	0,09068	1986	0,12752	2132	0,16446	2279	0,20150	2429	0,23860	2576	0,27530	2727	0,46203	3463	0,25	27.36	26.42	26.17	26. 3	25.53	25.45	25.32	15°
	0,30	0,11054	2066	0,14864	2214	0,18725	2360	0,22568	2509	0,26416	2653	0,30257	2810	0,49486	3544	0,30	27.26	26.42	26.19	26. 5	25.56	25.49	25.39	
	0,35	0,13120	2148	0,17098	2298	0,21085	2446	0,25077	2589	0,29069	2736	0,33067	2874	0,53030	3603	0,35	27.19	26.41	26.20	26. 7	25.58	25.51	25.34	
	0,40	0,15268	2218	0,19390	2370	0,23533	2515	0,27666	2660	0,31805	2815	0,35961	2963	0,56653	3700	0,40	27.13	26. 4	26.22	26. 9	26. 0	25.53	25.36	
	0,45	0,17486	2300	0,21760	2448	0,26048	2594	0,30346	2748	0,34620	2892	0,38904	3040	0,60353	3775	0,45	27.10	26.41	26.23	26.10	26. 2	25.65	25.37	
	0,50	0,19786	»	0,24214	»	0,28642	»	0,33074	»	0,37512	»	0,41944	»	0,64128	»	0,50	27. 7	26.41	26.24	26.12	26. 3	25.57	25.39	
22°30′	0,25	0,09777	2047	0,13472	2196	0,17036	2472	0,20733	2627	0,24437	2768	0,28130	2921	0,46629	3654	0,25	25.55	24.19	24.31	24.38	24.44	24.48	24.57	22°30′
	0,30	0,11894	2117	0,15668	2266	0,19508	2425	0,23360	2569	0,27205	2719	0,31051	2863	0,50283	3666	0,30	24.13	24.30	24.44	24.48	24.51	24.54	24.58	
	0,35	0,13941	2201	0,17934	2356	0,21953	2502	0,25929	2643	0,29924	2796	0,33916	2940	0,53889	3682	0,35	24.27	24.38	24.44	24.48	24.51	24.54	24.59	
	0,40	0,16141	2285	0,20428	2428	0,24435	2577	0,28571	2669	0,32720	2873	0,36854	3031	0,57551	3761	0,40	24.37	24.46	24.46	24.54	24.54	25. 1	2	
	0,45	0,18427	2367	0,22718	2513	0,27011	2654	0,31303	2804	0,35592	2956	0,39885	3105	0,61333	3885	0,45	24.44	24.50	24.53	24.55	24.57	24.59	25. 2	
	0,50	0,20796	»	0,25231	»	0,29666	»	0,34107	»	0,38544	»	0,42990	»	0,65185	»	0,50	24.50	24.54	24.57	25. 0	25. 1	25. 3		

Tables des Poussées des Voûtes, 2ᵉ Partie, page 29.

2ᵉ *Tableau*.

Valeurs de *t*.	Valeurs de *a*.	POUSSÉES DUES AU GLISSEMENT.																				Valeurs de *a*.	ANGLES DE RUPTURE.							Valeurs de *t*.
		$c = 0$.			$c = 0{,}1$.			$c = 0{,}2$.			$c = 0{,}3$.			$c = 0{,}4$.			$c = 0{,}5$.			$c = 1{,}0$.				$c = 0$.	$c = 0{,}1$.	$c = 0{,}2$.	$c = 0{,}3$.	$c = 0{,}4$.	$c = 0{,}5$.	$c = 1$.	
		Valeurs de θ.	Δa.	Δc.	Valeurs de G.	Δa.	Δc.	Valeurs de G.	Δa.	Δc.	Valeurs de G.	Δa.	Δc.	Valeurs de G.	Δa.	Δc.	Valeurs de G.	Δa.	Δc.	Valeurs de G.	Δa.	Δc.									
30°	0,25	0,11605	2184	3662	0,15321	2330	3625	0,18996	2481	3683	0,22679	2624	3680	0,26359	2779	3691	0,30050	2930	18977	0,68527	3694	»	0,25	21°26'	22°24'	22°59'	23°29'	23°56'	24°21'	30°
	0,30	0,13843	2254	3808	0,17651	2414	3846	0,21477	2566	3876	0,25303	2723	3835	0,29138	2871	3842	0,32980	3015	19221	0,52201	3750	»	0,30	21.53	22.40	23. 9	23.31	23.43	23.54	24.22
	0,35	0,16097	2352	3968	0,20065	2504	3978	0,24043	2650	3933	0,28026	2797	3883	0,32009	2948	3986	0,35995	3102	19956	0,55951	3842	»	0,35	22.14	22.52	23.17	23.34	23.47	23.57	24.24
	0,40	0,18449	2446	4130	0,22569	2593	4124	0,26693	2774	4130	0,30823	2890	4134	0,34957	3035	4160	0,39097	3181	20696	0,59798	3922	»	0,40	22.31	23. 2	23.24	23.40	23.50	24. 0	24.25
	0,45	0,20889	2521	4273	0,25162	2669	4305	0,29467	2793	4446	0,33713	2971	4279	0,37992	3123	4286	0,42278	3270	21437	0,63715	4007	»	0,45	22.44	23.11	23.30	23.44	23.54	24. 2	24.26
	0,50	0,23410	»	4421	0,27831	»	4429	0,32280	»	4424	0,36684	»	4431	0,41115	»	4433	0,45548	»	22174	0,66722	»	»	0,50	22.54	23.18	23.35	23.47	23.57	24. 4	24.27
37°30'	0,25	0,14923	2423	3655	0,18548	2577	3642	0,22190	2727	3656	0,25846	2884	3675	0,29521	3024	3693	0,33194	3175	18434	0,51698	3918	»	0,25	21.26	22.24	22.59	23.22	23.38	23.50	24.21
	0,30	0,17346	2524	3779	0,21125	2672	3792	0,24917	2826	3813	0,28730	2969	3815	0,32545	3123	3824	0,36369	3273	19177	0,55546	4015	»	0,30	21.53	22.40	23. 9	23.31	23.43	23.54	24.22
	0,35	0,19870	2596	3927	0,23797	2765	3946	0,27743	2921	3956	0,31699	3079	3969	0,35668	3230	3924	0,39642	3370	19919	0,59561	4107	»	0,35	22.14	22.52	23.17	23.34	23.47	23.57	24.24
	0,40	0,22466	2739	4096	0,26556	2875	4102	0,30664	3020	4114	0,34778	3159	4120	0,38898	3311	4114	0,43012	3468	20656	0,63668	4209	»	0,40	22.31	23. 2	23.24	23.40	23.50	24. 0	24.25
	0,45	0,25205	2817	4232	0,29437	2968	4247	0,33684	3120	4353	0,38037	3170	4172	0,42209	3412	4271	0,46480	3567	21397	0,67877	4300	»	0,45	22.44	23.11	23.30	23.44	23.54	24. 2	24.26
	0,50	0,28022	»	4383	0,32405	»	4399	0,36804	»	4403	0,41207	»	4414	0,45521	»	4426	0,50047	»	22130	0,72177	»	»	0,50	22.54	23.18	23.35	23.47	23.57	24. 4	24.27
45°	0,25	0,19030	2829	3594	0,23624	2982	3621	0,27246	3135	3636	0,30882	3285	3657	0,34539	3438	3661	0,38200	3582	18382	0,56582	4318	»	0,25	19.46	20.30	21. 7	21.35	21.57	22.15	23.12
	0,30	0,22859	2941	3747	0,26606	3104	3675	0,30381	3246	3786	0,34167	3401	3868	0,37995	3560	3855	0,41782	3689	19118	0,60900	4439	»	0,30	20. 4	20.45	21.16	21.42	22. 0	22.19	23.12
	0,35	0,25809	3059	3910	0,29710	3005	3917	0,33627	3364	3941	0,37568	3521	3947	0,41515	3661	3855	0,45470	3822	19869	0,65339	4549	»	0,35	20.19	20.55	21.24	21.47	22. 6	22.22	23.15
	0,40	0,28859	3177	4055	0,32915	3474	4076	0,36991	3474	4088	0,41079	3600	4097	0,45176	3798	4116	0,49290	3915	20589	0,69881	4649	»	0,40	20.31	21.31	21.51	22. 0	22.16	22.26	23.15
	0,45	0,32036	3285	4201	0,36837	3443	4228	0,40465	3583	4234	0,44699	3742	4255	0,48954	3881	4252	0,53207	4020	20589	0,74530	4767	»	0,45	20.42	21. 4	21.31	21.56	22.13	22.27	23.14
	0,50	0,35321	»	4353	0,39680	»	4368	0,44048	»	4353	0,48441	»	4394	0,52835	»	4392	0,57207	»	22070	0,79297	»	»	0,50	20.51	21.19	21.41	22. 0	22.16	22.29	23.14

Tables des Poussées des Voûtes, 2ᵉ PARTIE, page 29.

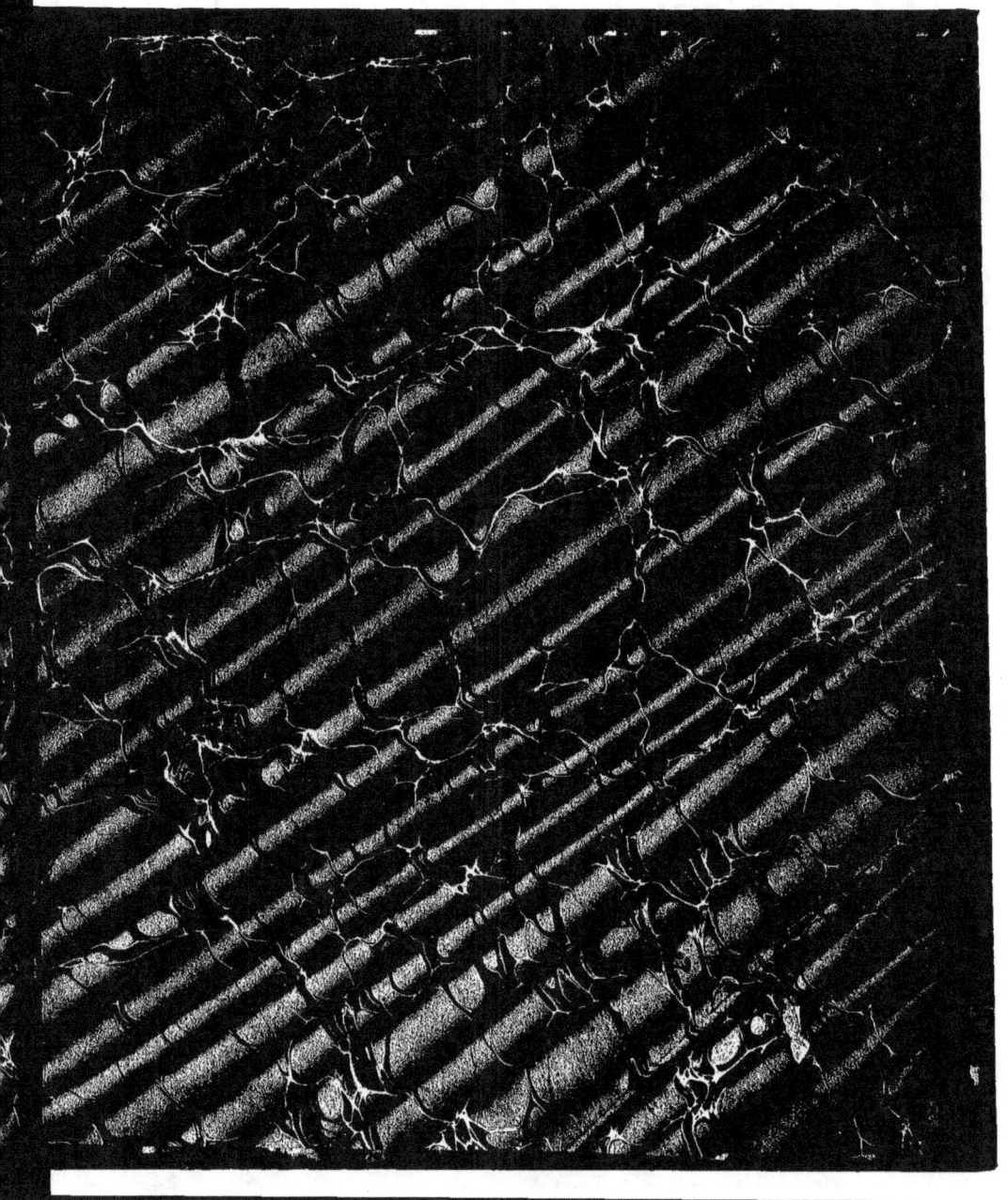

www.ingramcontent.com/pod-product-compliance
Lightning Source LLC
LaVergne TN
LVHW021703080426
835510LV00011B/1566